AF602191

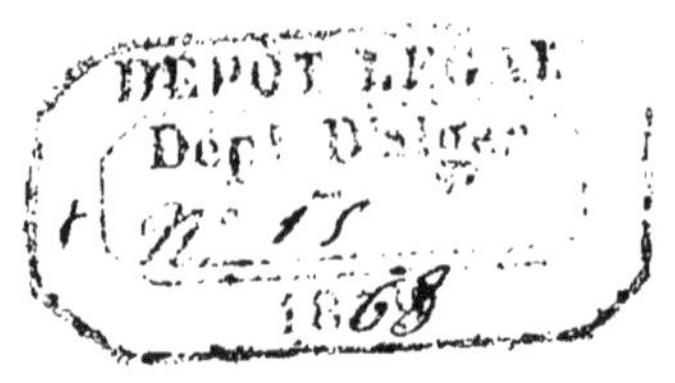

RÉPONSE

AUX

QUESTIONS 146 & 148

ENQUÊTE

SUR

LA SITUATION ET LES BESOINS

DE

L'AGRICULTURE ALGÉRIENNE

RÉPONSE AUX QUESTIONS 146 et 148

PAR

CÉSAR BERTHOLON
Conseiller Municipal, Président de la Société impériale d'Agriculture
et du Comice agricole d'Alger.

Prix : 10 centimes

ALGER
CHEZ TOUS LES LIBRAIRES

20 mars 1868

ENQUÊTE

SUR LA SITUATION ET LES BESOINS

DE

L'AGRICULTURE ALGÉRIENNE

QUESTIONS 146 ET 148

146. — Quels sont, dans la législation civile et générale, les points auxquels il paraîtrait y avoir lieu d'apporter des modifications que l'on considèrerait comme utiles à l'agriculture ?

148. — Quelles sont les autres causes générales qui ont pu influer dans un sens favorable ou nuisible sur la prospérité agricole ?

RÉPONSE

M. LE COMMISSAIRE,

Je donne mon adhésion complète aux réponses de la Société impériale d'agriculture d'Alger, que j'ai l'honneur de présider. Mais les réponses auxquelles j'ai coopéré ont dû nécessairement se renfermer dans les limites imposées par les statuts de la Société.

En mon nom particulier, je crois devoir insister sur des considérations générales dont l'importance domine toute la situation.

La prospérité agricole, aussi bien que la prospérité industrielle et commerciale, qui en est inséparable, dépend toujours des conditions économiques et administratives dans lesquelles une contrée se trouve placée. Pour être éclairé sur les causes qui ont paralysé le développement de l'agriculture algérienne, le gouvernement doit réclamer autre chose que des renseignements sur des questions de détail, qui ont assurément une portée utile, mais qui seraient insuffisants pour lui faire connaître toute la vérité.

Les Français qui habitent l'Algérie manqueraient à leur devoir comme citoyens, à leur intérêt comme colons, s'ils ne profitaient pas de l'occasion pour dire cette vérité, sans restriction.

Les idées que je vais avoir l'honneur de vous exposer ne m'appartiennent pas en propre ; elles sont ici communes à tous, elles sont l'opinion.

L'Algérie étouffe dans les langes administratifs. Cette protection l'opprime.

Elle veut vivre de sa vie et de sa libre initiative.

Elle réclame, elle attend une législation libérale qui lui permette de s'administrer elle-même, selon ses besoins, selon ses aspirations, d'exprimer ses vœux, de signaler les abus dont elle peut avoir à se plaindre.

Elle espère voir appliquer, sans réserves pusillanimes, le régime qui lui a été promis par la lettre impériale : des conseils communaux, départementaux, investis des plus larges attributions.

Une presse jouissant des plus grandes franchises. Invoquer la liberté de la presse, dans cette circonstance, paraîtra peut-être un hors-d'œuvre, une excentricité politique ; qu'on y réfléchisse cependant. Ici plus que partout ailleurs, les gouvernants et les gouvernés, de la métropole aussi bien que de la colonie, n'ont-ils pas l'intérêt le plus incontestable, les premiers à savoir, les autres à faire connaître la vérité? — Le gouvernement ne sera jamais assez bien renseigné sur ce qui se passe si loin de lui, et, s'il veut s'instruire sur les vrais besoins, les vraies ressources de ce pays, ne trouvera-t-il pas dans l'expression libre des opinions diverses de ceux qui sont aux prises avec les difficultés, et qui luttent à leurs périls et risques, des avis, des lumières qui lui donneront les moyens de contrôler les rapports officiels et de se former une conviction fondée sur des éléments plus certains?

L'Algérie a été déclarée, par un vote solennel de l'Assemblée constituante de 1848, vote implicitement confirmé par la Constitution de 1852, partie intégrante du territoire français.

Le bon sens, l'équité, le bon ordre, le respect de la dignité nationale imposent la loi française à tous ceux qui habitent l'Algérie et s'abritent sous la protection du drapeau français, sans distinction de cultes ni de races.

Il est temps de procéder sérieusement, et par les moyens les plus prompts, à l'assimilation qui est la civilisation et par conséquent le seul but légitime de la conquête.

Il est temps de cesser de couvrir d'une protection légale des immoralités révoltantes.

L'idée du royaume arabe, généreuse mais utopique et funeste chimère, est un obstacle à la civilisation, à la bonne administration, à la paix.

Les Indigènes des tribus, les Kabyles exceptés, sont incapables, non seulement de progresser, mais de subsister, s'ils ne sont mêlés aux populations européennes et initiés par elles à nos procédés agricoles et industriels, à nos mœurs, à nos habitudes de travail, d'ordre et de prévoyance.

Les instruments perfectionnés, les charrues à vapeur, qui peuvent ici faire merveille, — dans la situation actuelle,

BIBLIOTHÈQUE IMPÉRIALE

manœuvrés par des employés de l'Etat, au profit des Indigènes, pour mieux dire au profit de leurs chefs, maîtres absolus de tout, au lieu d'être des éléments de progrès, seraient, il faut bien le dire, des encouragements à la paresse.

Qu'on n'attribue pas à un sentiment d'hostilité l'opinion que j'émets ; elle m'est inspirée au contraire par une profonde compassion pour une race qui a eu ses beaux jours, et qui sucombe sous le poids de ses institutions surannées, sous l'avide exploitation de ses chefs et dans l'isolement où la maintiennent les bureaux arabes. Si elles restent parquées dans l'organisation qui constitue le code du royaume arabe, les populations indigènes sont condamnées à s'éteindre misérablement ; sans parler des fléaux qui les déciment aujourd'hui et qui sont la conséquence fatale de l'état de chose actuel, la statistique est là qui constate cette régulière extermination.

Faut-il donc abandonner cette race à sa funèbre destinée ? Si notre mission est de la régénérer, de la sauver, pourquoi persévérer dans un système irrévocablement jugé?

Le gouvernement doit donc favoriser de tout son pouvoir l'émigration européenne, qui est l'élément civilisateur.

Et pour cela :

Procéder énergiquement et rapidement à l'établissement de la propriété individuelle, en abréger les formalités;

Décréter la liberté complète des transactions;

Etendre le territoire civil de manière à pouvoir fixer d'avance l'époque où il n'y aura plus de territoire militaire ;

Assurer aux Français et Européens établis ou trafiquants en territoire militaire, le bénéfice de la loi française ;

Ne tenir compte de ce qu'on veut bien appeler le droit musulman, qu'au point de vue de l'équité, du respect des droits acquis et comme moyen de transition au droit commun appliqué à tous ;

Ne confier le pouvoir de rendre la justice qu'à des magistrats français, auxquels on adjoindrait provisoirement des assesseurs musulmans et israélites, ayant pour mission de donner aux tribunaux les explications nécessaires dans les causes où leurs usages et leurs lois peuvent exceptionnellement être invoqués ;

Abolir la féodalité et le communisme indigènes ; ce communisme, maintenu par les bureaux arabes, est la première cause de la misère dans les tribus. Cette féodalité, réorganisée par la même autorité, a perdu le caractère patriarcal qu'elle pouvait tenir de son origine. Les *hommes des grandes tentes*, des familles dont le pouvoir était consacré par le temps, ont été remplacés par des aventuriers qui, ayant leur fortune à faire, sont disposés à faire de leur position officielle un moyen d'exploitation ; rétablir les anciens chefs influents, fanatiques, ennemis irréconciables du nom chrétien, serait dangereux ; maintenir les nouveaux serait sacrifier les populations placées sous leur direction, sans rien gagner en sécurité ;

Créer, partout et immédiatement, dans les territoires civils, des communes mixtes administrées par des conseils où l'élément français et européen serait appelé à dominer ; dans les territoires militaires, substituer des commandants français aux chefs arabes ;

Assurer, dans les territoires militaires, par une protection efficace la loyale exécution des transactions commerciales ;

est-il utile de faire observer que cette mesure serait surtout favorable aux arabes, qu'elle serait pour eux un des plus puissants stimulants au travail et à l'amélioration de leurs produits, que les bénéfices qu'ils retireraient de leur trafic avec nous leur inspirerait des idées plus pacifiques? — favoriser leur manque de foi, ce n'est pas les protéger, c'est les ruiner et les séparer à jamais de nous, c'est-à-dire les condamner à la barbarie et à la famine perpétuelles ;

Presser le prompt achèvement des voies ferrées avec embranchements sur le littoral, et des routes destinées à desservir les localités importantes de l'intérieur, afin que la difficulté et le prix élevé des transports, en surenchérissant les denrées, n'en arrête ni l'écoulement, ni la distribution, suivant les besoins de la consommation ; cela est aussi nécessaire aux habitants de l'intérieur pour faciliter la vente à des prix avantageux de leurs produits, en cas d'abondance, que pour les approvisionner en cas de disette ;

Racheter aux tribus une partie des terres qui leur ont été trop généreusement concédées et dont elles ne savent ou ne veulent pas tirer parti, pour les diviser en lots et les mettre à la disposition des immigrants européens, moyennant un prix une fois payé ou une redevance annuelle. Une partie du produit de cette vente pourrait être distribuée à titre d'indemnité aux familles indigènes des tribus expropriées ; devenues individuellement propriétaires, elles trouveraient dans cette ressource les avances nécessaires pour se procurer instruments aratoires, cheptel, semences, etc , etc.; et, en même temps, elles verraient s'établir à leurs côtés des cultivateurs actifs et intelligents qui leur serviraient d'instituteurs ; en fusionnant ainsi les populations, en fondant l'union sur la communauté d'intérêt, on rendrait les insurrections impossibles, et en quelques années, on aurait mis en rapport des bras et des terres jusques-là improductifs ;

Pour rendre la vente des terres incultes ainsi alloties plus lucrative pour l'État et plus engageante pour les acheteurs, ne serait-il pas convenable d'en faire défricher une partie par les Arabes qu'on est obligé de nourrir et par les condamnés militaires, au lieu de les mettre à la disposition des intérêts privés, ce qui créé à nos ouvriers de toutes les catégories une concurrence désastreuse ?

Laisser, en fait d'association et d'établissement de crédit, le champ libre aux innovations et à toutes les entreprises de l'initiative privée; — l'Algérie est un terrain neuf et neutre où l'on peut, sans courrir le danger de se heurter à des droits acquis, à des positions respectables, expérimenter les idées nouvelles;

Établir un système d'impôt uniforme dans les deux territoires, et dont la perception serait confiée aux agents ordinaires du fisc ;

Faire peser l'impôt territorial de préférence sur les terres faisant partie des propriétés au-dessus de 50 hectares, restées en friche, et ne pouvant être classées ni comme prairies, ni comme pâturages ;

En attendant cet ensemble de réformes, que je ne puis indiquer ici que sommairement et au courant de la plume, et celles que j'ai oubliées sans doute et qui rentrent dans le même ordre d'idées, le gouvernement ne peut-il prendre des dispositions qui :

1° Permettent aux colons, sans s'exposer à une répression

judiciaire d'une rigueur souvent excessive, de se défendre contre les voleurs et les assassins;

2° Donnent à la justice et aux intéressés le droit de poursuivre les délinquants sur le territoire militaire, sans être obligés d'obtenir pour cela une autorisation préalable de l'autorité militaire ;

Décréter, en un mot, un régime complet de liberté, substitué à la protection quand même, et, établissant une distinction parfaitement définie entre la sphère d'action qui est du ressort de l'administration et celle qui appartient aux administrés, régime adopté définitivement, une fois pour toutes, et sur la stabilité duquel on saura enfin une fois pouvoir compter ;

Rien n'a été plus nuisible à l'Algérie que la mobilité de ses institutions ; le témoignage le plus puissant en faveur de sa vitalité, c'est à mon avis, le développement incessant de son agriculture, de son commerce et de son industrie, et la confiance constante des algériens dans l'avenir, malgré cette cause obstinée d'inquiétudes et de découragements ;

Les demi-mesures, les quasi-systèmes ne peuvent aboutir qu'à des mécomptes et à des désastres ; — qu'on se propose un but et qu'on y marche résolument, unissant la fermeté à la modération, oui, sans doute ; mais qu'on se garde de confondre la modération avec les concessions inopportunes, les tergiversations, les hésitations qui ruinent le présent et compromettent l'avenir ; — les transactions ne sont pas des transitions.

Le gouvernement est tenu de prendre un parti ; la France ne saurait être indifférente aux destinées de l'Algérie ; — il y a entre la métropole et sa colonie solidarité d'intérêts : les importations françaises en 1864 se sont élevées à 121 millions, mais quelle importance elles prendraient par suite de l'accroissement de la population européenne! Quel marché serait ainsi ouvert au profit de son commerce et de ses manufactures! Quels que soient les sacrifices que la France ait faits pour l'Algérie, ce ne sont que des avances, qui, sous un bon système d'administration, lui seront rendues au centuple.

L'Algérie, qui, déjà, malgré tous les obstacles, voit son agriculture, après avoir pourvu à la consommation locale de la population civile et de l'armée, exporter annuellement pour 88 millions de produits, fournira un jour à la France la plus grande partie des matières premières que les manufacturiers et les commerçants tirent actuellement de l'étranger. Elle a pour elle un sol fertile, un climat exceptionnel : il ne lui manque que de bonnes institutions.

Réclamer en faveur de l'Algérie, c'est réclamer en faveur de la France, qui profitera autant que nous de nos succès; nous tenons à invoquer cette solidarité qui nous est chère et sur laquelle se fondent nos légitimes espérances.

ALGER. TYPOGRAPHIE DUBOS

www.ingramcontent.com/pod-product-compliance
Ingram Content Group UK Ltd.
Pitfield, Milton Keynes, MK11 3LW, UK
UKHW022213190726
13855UKWH00004B/1731

9 782013 253987